MAYI PAI PAI ZOU

蚂蚁排排走

[法] 法布尔 / 著　许鹏 / 编译　汪燕 / 等绘

华南理工大学出版社
SOUTH CHINA UNIVERSITY OF TECHNOLOGY PRESS
·广州·

图书在版编目（CIP）数据

蚂蚁排排走/（法）法布尔著；许鹏编译；汪燕等绘.—广州：华南理工
大学出版社，2016.1
（从小爱读昆虫记）
ISBN 978 - 7 - 5623 - 4813 - 9

Ⅰ.①蚂…　Ⅱ.①法…　②许…　③汪…　Ⅲ.①蚁科-儿童读物
Ⅳ.①Q969.554.2-49

中国版本图书馆CIP数据核字（2015）第 274133 号

蚂蚁排排走

（法）法布尔 著　许鹏 编译　汪燕 等绘

出 版 人：**卢家明**
出版发行：**华南理工大学出版社**
　　　　　（广州五山华南理工大学17号楼，邮编510640）
　　　　　http://www.scutpress.com.cn　　E-mail: scutc13@scut.edu.cn
　　　　　营销部电话：020-87113487　87111048（传真）
策划编辑：李良婷
责任编辑：陈旭娜　李良婷
印 刷 者：广州市新怡印务有限公司
开　　本：889mm×1194mm　1/24　印张：5　字数：163千
版　　次：2016年1月第1版　2016年1月第1次印刷
定　　价：18.00元

出版说明

孩子的童年，不应该只有动画片、玩具车、游乐园，还应该有自然的滋养，包括小动物、小昆虫等。亲近火自然，热爱小动物，是孩子的天性，因为在它们身上，孩子可以感受到生命的奇妙与乐趣。

为了呵护孩子的这份童趣，我们编译了法国著名昆虫学家、文学家法布尔先生的科普名著《昆虫记》。我们知道，《昆虫记》是法布尔毕生研究昆虫的伟大成果，在这部著作里，法布尔对昆虫的特征以及生活习性进行了详尽而又充满诗意的描述，他笔下的昆虫，不是可怕、肮脏、令人讨厌的生物，而是美丽、勤劳、勇敢，有着许多神奇小本领，充满生气的生命。

《昆虫记》原著共有 10 卷，达两三百万字，为了让 3~6 岁的孩子也能读懂《昆虫记》，感受昆虫世界的神奇与美妙，我们邀请国内著名儿童编剧作家许鹏执笔，对《昆虫记》原著进行了改编。我们这套幼儿美绘注音版的《从小爱读昆虫记》（第一辑）共有 6 册，分别讲述了萤火虫、屎壳郎、螳螂、蜘蛛、蚂蚁、蝎子这 6 种在《昆虫记》原著中最为中国小朋友耳熟能详的小生命。

这套书每分册讲述一种昆虫，每一种昆虫都有一个独立完整的故事，每一个昆虫故事都以疑问句引读的方式分成十几个小节，分别介绍昆虫的特征与习性；充满童趣的提问方式，能引起孩子的强烈好奇心。这套书既有生动形象的故事，又不失科普性，尤其在行文间穿插法布尔对昆虫的观察方式及其生平故事，更能凸显原著的精华，让孩子在轻松愉快的阅读当中学到科普知识。这套书的插画由国内知名儿童绘画团队汪燕、龙崎、何丹荔、阿元、王玥等设计，插画别具一格，场景丰富，画面优美，形象可爱，符合孩子的认知习惯与审美特点。

让我们和孩子一起，跟着法布尔去结识生活在昆虫王国里的小精灵吧，去感受它们奇妙而又勇敢的一生。

前 言

　　小朋友，你是否在晴朗的午后，一个人蹲在草地上好奇地观察过蚂蚁？它们总是排着队伍，十分有秩序，整整齐齐地往前走。

　　蚂蚁是多么可爱啊！可是，你知道吗？蚂蚁原来也有很多种类呢，在我们这本书里，将为你介绍常见的黑蚂蚁和红蚂蚁，它们团结友爱、分工明确，窝里的成员分为工蚁、兵蚁、雄蚁和蚁后。你有没有发现，红蚂蚁居然还会侵略黑蚂蚁，俘虏它们做"佣人"？

　　虽然红蚂蚁英勇善战，却十分懒惰。它们不愿意自己出去找食物，也不会照顾自己的小宝宝，在"个人"生活上，只能依赖勤劳的黑蚂蚁奴隶。

　　快快翻开这本书，去看一看黑蚂蚁和红蚂蚁之间轰轰烈烈的战斗吧！

目录

 **我，就是主角！**

在这本书里，你将会认识一位可爱的老爷爷和其他一些小家伙哦。

法布尔
喜欢观察昆虫，
爱写作，爱思考。

点点
女孩。
勇敢热心的兵蚁，
总是积极地为大家
解决问题。

亮亮
男孩。
点点最好的朋友，
最大的梦想是与蚁后结婚。

引子

一天，法布尔爷爷正在园子里散步，
发现一大群红蚂蚁排着长长的队伍，
向着远方出发……
她们翻过厚厚的枯叶堆，
爬过高高的围墙，
绕过一个好大好大的池塘，
一直朝着麦田走去。
"咦？她们要去干什么？"
法布尔好奇地蹲在地上，
用了整整一个下午的时间思考。

1

“爷爷，让我来帮帮你吧！”

小孙女露西主动请求担任助手。

她学着童话故事《糖果屋》里的小男孩，

在红蚂蚁走过的路线上撒上鹅卵石作为记号。

“露西，你真棒！”

法布尔爷爷笑眯眯地夸奖她，

可露西忙得连头都没空抬一下，

因为，她正在一心一意地监视着红蚂蚁的“神秘工作”呢。

① 瞧，蚂蚁的"家"是什么样子的？

绿油油的草地，又温暖又潮湿，

地上还有一个个鼓起的"小土包"，

悄悄地藏在草丛下面。

小土包的中间，

有一个不起眼的小洞，

那是蚂蚁们的"通风口"。

3

在这些"小土包"里面，

那个最大、最鼓的，

就是大名鼎鼎的红蚂蚁的"家"。

法布尔爷爷趴在地上，

好奇地从洞口望进去。

哇——好深的"隧道"呀！

这里，是一个庞大的地下巢穴，

沿着"隧道"往下走，

可以看到一个个小小的"房间"，

有王宫、储存室、休息间、婴儿房……

许许多多的地下通道，

把这些房间连接在一起，

看上去，就像弯弯曲曲的迷宫一样。

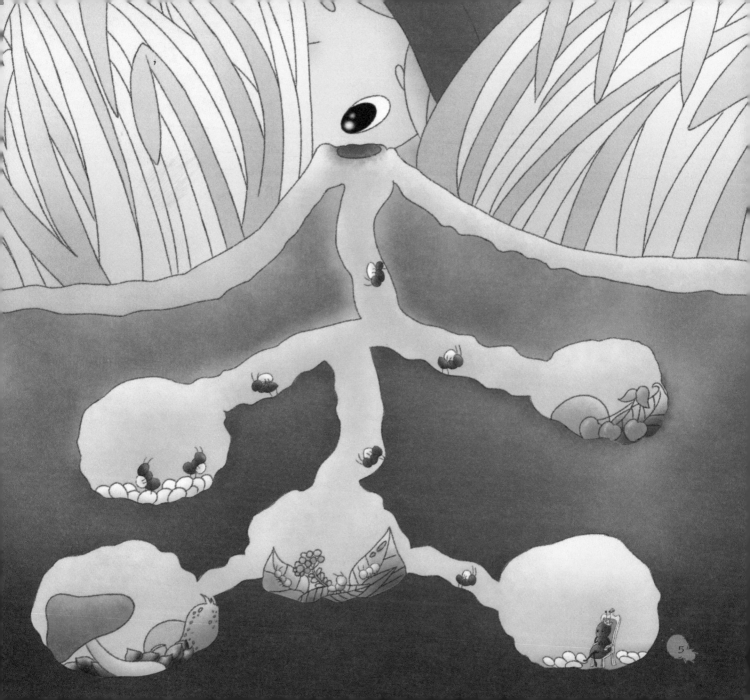

hào wài　　hào wài
"号外，号外！"

yī dà zǎo　　hóng mǎ yǐ de wō li jiù nào fān le tiān
一大早，红蚂蚁的窝里就闹翻了天。

zhè qún lǎn duò de jiā huo men
这群懒惰的家伙们，

píng shí zhè ge shí hou
平时这个时候，

kěn dìng hái zài hū hū dà shuì
肯定还在呼呼大睡！

kě shì　　jīn tiān bù yī yàng
可是，今天不一样，

dāng dì yī shù yáng guāng zhào dào mǎ yǐ wō dòng kǒu de shí hou
当第一束阳光照到蚂蚁窝洞口的时候，

jiā li jiù zhà kāi le guō
家里就炸开了锅。

dōng dōng dōng　　qiāng qiāng qiāng　　pēng pēng pēng
"咚咚咚""锵锵锵""嘭嘭嘭"

jiǎo bù shēng　　chuí dǎ shēng　　xuān nào shēng
脚步声，捶打声，喧闹声，

bǎ mǎ yǐ wō dōu kuài xiān dào tiān shang qù la
把蚂蚁窝都快掀到天上去啦。

“哎——呀——真是吵死啦！”

整个蚂蚁窝里，只有兵蚁点点还在赖床。

点点气鼓鼓地趴在床上，

翻来翻去，翻来翻去，就是不肯起来。

兵蚁们都是雌蚁，她们上颚发达、身体强壮，

负责红蚂蚁窝里的战斗任务。

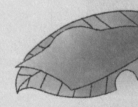

“快跑，王后的婚礼大典马上就要开始了！”

另一只兵蚁使劲儿推着点点。

周围，数不清的红蚂蚁们吵吵嚷嚷，

“猜猜，王后会选谁做丈夫？”

“当然是最强壮、最英俊的雄蚁！”

“啊，那我肯定没戏了……”

7

shén me　　　hūn lǐ dà diǎn
"什么——婚礼大典？"

tīng dào zhè sì gè zì　　diǎn dian yī xià zi cóng chuáng shang zuò le qǐ lái
听到这四个字，点点一下子从床上坐了起来。

wā　　chà diǎn jiù wàng jì le
"哇，差点就忘记了！"

tā xiàng tán huáng yī yàng cóng chuáng shang tiào xià lái
她像弹簧一样从床上跳下来，

jí jí máng máng wǎng wài chōng
急急忙忙往外冲。

yī lù shang　　diǎn dian jīng guò le yī gè gè xiǎo fáng jiān
一路上，点点经过了一个个小房间，

yǒu de chǔ cún zhe shí wù　　yǒu de fàng zhe xiǎo bǎo bao hé méi fū huà de yǒng
有的储存着食物，有的放着小宝宝和没孵化的蛹。

tā yī kǒu qì chōng dào le mí gōng de dǐ bù
她一口气冲到了迷宫的底部，

nà lǐ　　shì yǐ hòu de　　wáng gōng
那里，是蚁后的"王宫"，

shì zhěng gè hóng mǎ yǐ wō lǐ zuì háo huá　　zuì dà de yī gè fáng jiān
是整个红蚂蚁窝里最豪华、最大的一个房间。

王宫

 虫虫悄悄话

　　蚂蚁是动物世界里大名鼎鼎的"建筑师"，他们在地面上挖洞，一粒一粒搬运沙土，建造自己的蚁穴。蚁穴的道路四通八达，里面又通风、又凉快，而且冬暖夏凉，储存的食物不容易坏掉。

② 啊，蚂蚁怎么只有"王后"？

点点在王宫里东张西望。

她发现，原来的老蚁后不见了，

王座上，坐着一位威风凛凛的年轻蚁后。

新蚁后长得好大呀！

新蚁后长得好胖呀！

新蚁后看上去真年轻、真漂亮，

她不用干活，也不用自己吃饭。

只需要懒洋洋地坐在王座上，

等着别人来喂饭。

"哇，新蚁后的个头好大呀！"

"蚁后不干活，只吃饭，生孩子。"

"当蚁后真好！"

点点一边感慨，一边好奇地打量着新蚁后。

这时，另一只红蚂蚁碰了碰点点，

"喂——快看！"

点点转过头，发现了贴在墙上的通告：

"注意，注意，神圣红蚂蚁王国的老蚁后已经去世了。

按照规矩，老蚁后在临终前，

需要产下最后一批卵。

在这些卵中，只有一个能继承'王后'的位置。

现在，坐在王座上的，

就是新上任的蚁后！"

通告

huān yíng xīn yǐ hòu shàng rèn
"欢迎新蚁后上任！"

tōng gào qián miàn　　wéi guān de hóng mǎ yǐ yuè lái yuè duō
通告前面，围观的红蚂蚁越来越多。

wā　　xīn yǐ hòu hǎo piào liang
"哇，新蚁后好漂亮！"

wèi　　　ràng kāi　　ràng kāi　　nǐ dǎng zhù wǒ le
"喂——让开，让开，你挡住我了！"

dà jiā nǐ tuī wǒ jǐ　　　bǎ wáng gōng jǐ de shuǐ xiè bù tōng
大家你推我挤，把王宫挤得水泄不通。

diǎn diǎn zài mǎ yǐ duī li diǎn zhe jiǎo jiān
点点在蚂蚁堆里踮着脚尖，

xīn jí rú fén de tiào lái tiào qù
心急如焚地跳来跳去，

hǎo bù róng yì cái kàn dào le hòu miàn de nèi róng
好不容易才看到了后面的内容：

xiàn zài　　xīn yǐ hòu mǎ shàng jiù yào jǔ xíng　　hūn lǐ dà diǎn　　le
"现在，新蚁后马上就要举行'婚礼大典'了，

diǎn lǐ zhōng fēi de zuì gāo　　zhǎng de zuì qiáng zhuàng de xióng yǐ
典礼中飞得最高、长得最强壮的雄蚁，

jiù kě yǐ chéng wéi wáng hòu de zhàng fu
就可以成为王后的丈夫！"

wǒ yào shì
"我要试！"

wǒ yě yào shì
"我也要试！"

xióng yǐ men zhēng xiān kǒng hòu　dōu qiǎng zhe yào dāng yǐ hòu de zhàng fu
雄蚁们争先恐后，都抢着要当蚁后的丈夫。

wā　　xióng yǐ men hǎo rè qíng a
"哇——雄蚁们好热情啊！"

tā men zhè me rè qíng gàn ma
"他们这么热情干嘛？

nán dào　　hé yǐ hòu jié hūn jiù néng dāng guó wáng
难道，和蚁后结婚就能当国王？"

diǎn dian yáo yáo tóu　　shí zài xiǎng bù míng bai
点点摇摇头，实在想不明白。

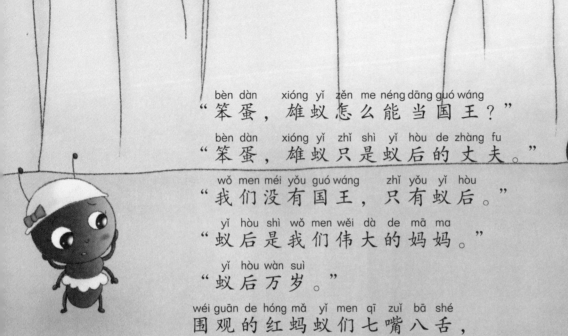

bèn dàn xióng yǐ zěn me néng dāng guó wáng
"笨蛋，雄蚁怎么能当国王？"

bèn dàn xióng yǐ zhǐ shì yǐ hòu de zhàng fu
"笨蛋，雄蚁只是蚁后的丈夫。"

wǒ men méi yǒu guó wáng zhǐ yǒu yǐ hòu
"我们没有国王，只有蚁后。"

yǐ hòu shì wǒ men wěi dà de mā ma
"蚁后是我们伟大的妈妈。"

yǐ hòu wàn suì
"蚁后万岁。"

wéi guān de hóng mǎ yǐ men qī zuǐ bā shé
围观的红蚂蚁们七嘴八舌，

diǎn dian wǔ zhù le ěr duo
点点捂住了耳朵，

hái shì jué de hǎo chǎo a
还是觉得好吵啊。

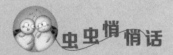 虫虫悄悄话

　　蚁后是蚁巢里唯一能生孩子的母蚁。她有着大大的肚子，专门负责产卵、繁殖后代和管理蚂蚁大家庭。除非蚂蚁窝遇到了危险或是需要搬家，否则，蚁后会一直呆在蚁巢深处，轻易不会出洞。

3 咦？ 雄蚁为什么不干活？
yí xióng yǐ wèi shén me bù gàn huó

"我，我也要参加婚礼大典！"
wǒ wǒ yě yào cān jiā hūn lǐ dù diǎn

一个熟悉的身影穿过蚁群，
yī gè shú xi de shēn yǐng chuān guò yǐ qún

费力地挤到了通告前面。
fèi lì de jǐ dào le tōng gào qián miàn

"啊——亮亮！"
ā liàng liang

点点拉着亮亮的手，
diǎn dian lā zhe liàng liang de shǒu

高兴地转着圈儿。
gāo xìng de zhuàn zhe quān er

"太好了，我要让我的朋友们都来为你加油！"
tài hǎo le wǒ yào ràng wǒ de péng you men dōu lái wéi nǐ jiā yóu

15

通告

liàng liang hài xiū de diǎn le diǎn tóu
亮亮害羞地点了点头。

xiè xie nǐ diǎn dian
"谢谢你，点点。"

zuò wéi yī zhī xióng yǐ
"作为一只雄蚁，

wǒ jì bù huì dǎ zhàng
我既不会打仗，

yě bù huì zhù cháo
也不会筑巢，

gèng bù huì gàn huó er
更不会干活儿。

néng yǔ yǐ hòu jié hūn
能与蚁后结婚，

jiù shì wǒ zhè bèi zi zuì dà de mèng xiǎng le
就是我这辈子最大的梦想了！"

jiā yóu ba　liàng liang
"加油吧，亮亮！"
diǎn dian dà shēng de gǔ lì zhe
点点大声地鼓励着。
liàng liang huī huī shǒu
亮亮挥挥手，
zhuǎn guò shēn
转过身，
gēn zhe yī dà qún xióng yǐ
跟着一大群雄蚁，
chǎo chǎo rāng rang de cháo zhe diǎn lǐ xiàn chǎng zǒu qù le
吵吵嚷嚷地朝着典礼现场走去了。

diǎn diǎn jǐ a jǐ
点点挤啊挤，

jǐ chū le kàn rè nao de hóng mǎ yǐ qún
挤出了看热闹的红蚂蚁群，

cháo zhe yǐ cháo de chū kǒu zǒu qù
朝着蚁巢的出口走去。

yī lù shang diǎn diǎn yù dào le bù shǎo péng you
一路上，点点遇到了不少朋友，

tā yī biàn yòu yī biàn de hǎn zhe liàng liang de míng zi
她一遍又一遍地喊着亮亮的名字，

zhí dào dà jiā tīng de bù nài fán wéi zhǐ
直到大家听得不耐烦为止。

fàng xīn ba zán men yī dìng huì gǎn qù gěi liàng liang jiā yóu de
"放心吧，咱们一定会赶去给亮亮加油的！"

měi yī zhī hóng mǎ yǐ dōu jí bù kě nài
每一只红蚂蚁都急不可耐，

fēi kuài de cháo zhe chū kǒu chōng qù
飞快地朝着出口冲去。

虫虫悄悄话

雄蚁的别名叫"父蚁"，他们不用干活，主要任务就是与蚁后生孩子。

4 快看，蚂蚁原来也有翅膀呀？

婚礼大典的现场，

就在蚁巢外的草地上。

一场大雨刚刚停了，

阳光金灿灿地照在蚂蚁窝的洞口。

"嘿哟，嘿哟！"

一大群工蚁，正在卖力地工作着。

"我们是干活的工蚁。

我们和蚁后一样，也是雌蚂蚁。

可我们不能生育后代，只能不停地干活，

努力地照顾蚁后，

努力地照顾可爱的小宝宝们！"

19

gōng yǐ men yī biān chàng gē
工蚁们一边唱歌，

yī biān yòng xīn de zài yǐ cháo shang kāi le xǔ duō kǒu zi
一边用心地在蚁巢上开了许多口子。

yǐ hòu hé xióng yǐ men
"蚁后和雄蚁们，

mǎ shàng jiù yào cóng kǒu zi li zuān chū lái la
马上就要从口子里钻出来啦！"

yī zhī sǎng mén zuì dà de hóng mǎ yǐ
一只嗓门最大的红蚂蚁，

zhèng zài dà shēng de jiě shuō zhe
正在大声地解说着，

tā shì zhè cì hūn lǐ dà diǎn de zhǔ chí
她是这次婚礼大典的主持。

huà hái méi shuō wán
话还没说完，

zhǐ tīng jiàn pū pū de shēng yīn zài ěr duo páng hōng míng
只听见"扑扑"的声音在耳朵旁轰鸣，

yuán lái xīn jí de yǐ hòu hé xióng yǐ men yǐ jīng zhǎn kāi chì bǎng
原来，心急的蚁后和雄蚁们已经展开翅膀，

chōng chū yǐ cháo fēi shàng le tiān kōng
冲出蚁巢，飞上了天空。

wā tài jīng cǎi le
"哇——太精彩了！"

cǎo dì shang zǎo yǐ zhàn mǎn le qián lái kàn rè nao de gōng yǐ hé bīng yǐ
草地上早已站满了前来看热闹的工蚁和兵蚁，

dà jiā pīn mìng de gǔ zhǎng
大家拼命地鼓掌，

dōu hǎn zhe yào hǎo de xióng yǐ de míng zi
都喊着要好的雄蚁的名字。

liàng liang jiā yóu
"亮亮，加油——"

diǎn dian zhāng dà zuǐ ba hé yī bǎi zhǐ hóng mǎ yǐ yī qǐ hū hǎn
点点张大嘴巴，和一百只红蚂蚁一起呼喊。

21

亮亮和数不清的雄蚁们一起，

在空中成群结队，

簇拥着新蚁后，

漂亮地飞舞着、旋转着。

从草地上看去，

只见天空中红彤彤的一片，

就像一朵朵鲜艳的云彩。

"太美了！"

"太壮观了！"

从不远处的草丛里，

悄悄地露出一个脑袋，

原来，是顽皮的法布尔爷爷，

他也赶来看热闹了。

“好羡慕呀！”

“可惜咱们工蚁没有翅膀。”

围观的工蚁们啧啧称赞，

恨不得自己也长出翅膀，

飞上高高的天空。

“哎，兵蚁也没有翅膀呢。”

兵蚁们也加入了讨论。

大家你一句，我一句，

最后，异口同声地喊道：

“呜呜……有翅膀真好！”

不一会儿，观众们的话题就变了。

"看，那只雄蚁好帅。"

"不，那一只才帅呢！"

观众们七嘴八舌，

都在争论谁才是最英俊的雄蚁。

空中的雄蚁们紧张极了，

尤其是胆小的亮亮。

他犹豫着，不敢向蚁后靠近。

"加油，你是最棒的！"

观众席中，传来点点嘶哑的喊声。

"对，我不能落在后面！"

亮亮受到了鼓舞，

展开翅膀，努力地朝着蚁后飞去。

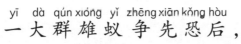

yī dà qún xióng yǐ zhēng xiān kǒng hòu
一大群雄蚁争先恐后，

zhēng zhe yòng zuì kuài de sù dù fēi dào yǐ hòu shēn biān
争着用最快的速度飞到蚁后身边，

zài kōng zhōng piān piān qǐ wǔ
在空中翩翩起舞。

kě shì shuí dōu bǐ bu shàng liàng liang
可是，谁都比不上亮亮。

liàng liang de zī shì zuì yōu měi
亮亮的姿势最优美，

liàng liang de shēn cái zuì qiáng zhuàng
亮亮的身材最强壮。

nǐ jiù shì bái mǎ wáng zi
"你就是白马王子！"

yǐ hòu yǐ jīng zháo mí le
蚁后已经着迷了，

lián yǎn jing dōu shě bu de zhǎ yī xià
连眼睛都舍不得眨一下。

27

tū rán pēng pēng pēng
突然，“嘭嘭嘭”，
kōng zhōng de hóng mǎ yǐ men kāi shǐ xià zhuì
空中的红蚂蚁们开始下坠！
yuán lái tā men de chì bǎng zhī chí bù zhù háo kè de tǐ zhòng
原来，他们的翅膀支持不住30毫克的体重，
yī gè jiē yī gè de diào le xià lái
一个接一个地掉了下来。
yǐ hòu de shēn tǐ zuì pàng
蚁后的身体最胖，
tā dì yī gè diào xià lái
她第一个掉下来，
dǎo zài cǎo dì shang
倒在草地上，
āi yō āi yō de jiào hǎn
“哎哟，哎哟”地叫喊。
jiē zhe luò dì de xióng yǐ men fēn fēn cháo yǐ hòu chōng guò lái
接着，落地的雄蚁们纷纷朝蚁后冲过来。
liàng liang wǒ yào xuǎn liàng liang
“亮亮，我要选亮亮！”
yǐ hòu tuī kāi qí tā xióng yǐ
蚁后推开其他雄蚁，
yī biān róu zhe shuāi téng de pì gu
一边揉着摔疼的屁股，
yī biān cháo zhe liàng liang zǒu qù
一边朝着亮亮走去。

"太好了！蚁后选出了自己的丈夫啦。"

大嗓门主持兴奋地叫喊着，

大家跟着一个劲儿地鼓掌。

"恭喜你，亮亮。"

点点大声地祝贺着。

"你的梦想实现了！"

"你是最棒的雄蚁！"

虫虫悄悄话

雄蚁和蚁后长着翅膀是为了便于交配，交配完成后，蚁后的翅膀就脱落了。

5 不会吧？红蚂蚁居然有奴隶？

婚礼大典过后，

新蚁后和亮亮举行了隆重的结婚仪式。

工蚁们提着篮子来了，

兵蚁们扛着战利品来了，

点点带着礼物也赶来了。

"一定要幸福地生活下去哟。"

点点祝福亮亮。

亮亮灿烂地笑了起来，

他挽着新蚁后的手，

眼睛里泪光闪闪。

"谢谢，谢谢大家！"

不久，新蚁后生宝宝了。

她在蚁巢上层的产卵室产卵，

再由工蚁们指挥黑蚂蚁奴隶把卵运到婴儿房。

点点去王宫里探望新蚁后。

可是，为什么没有看见亮亮呢？

亮亮去哪了？点点找啊找，找了好久好久。

最后，新蚁后流着眼泪宣布：

"亮亮去世了！

他是一只伟大的雄蚁，

为了蚂蚁家族的繁衍，

献出了自己的生命！"

点点伤心地哭了起来：

"呜呜……怎么会这样？"

yī qún lǎo bīng yǐ ān wèi diǎn dian
一群老兵蚁安慰点点：

zhè bù shì yī gè yì wài
“这不是一个意外，

shì xióng yǐ zhù dìng de jié jú
是雄蚁注定的结局。”

cóng cǐ yǐ hòu jiù kě yǐ zhōng shēng chǎn luǎn le
“从此，蚁后就可以终生产卵了，

zhè shì liàng liang de gōng láo
这是亮亮的功劳！”

yī qún lǎo gōng yǐ yě ān wèi diǎn dian
一群老工蚁也安慰点点：

xióng yǐ zài jié hūn hòu dōu huì sǐ diào
“雄蚁在结婚后都会死掉，

tā men yǐ jīng wán chéng le zì jǐ de shǐ mìng
他们已经完成了自己的使命。”

diǎn dian cā cā yǎn lèi wū yè zhe shuō
点点擦擦眼泪，呜咽着说：

xióng yǐ hěn wěi dà xióng yǐ hěn kě lián
“雄蚁很伟大，雄蚁很可怜。

wǒ hái shì xǐ huan dāng yī zhī bīng yǐ dào yuǎn fāng qù zhàn dòu
我还是喜欢当一只兵蚁，到远方去战斗。

jiù suàn tiáo jiàn jiān kǔ jiù suàn yǒu kě néng huì mí lù
就算条件艰苦，就算有可能会迷路，

yě yào hōng hōng liè liè de huó zhe
也要轰轰烈烈地活着。”

líng líng líng
"铃铃铃——"

tū rán chuán lái le yī zhèn cì ěr de jǐng bào shēng
突然，传来了一阵刺耳的警报声。

jǐng bào jǐng bào
"警报，警报！

xīn yǐ hòu de bǎo bao men jí xū bǔ chōng yíng yǎng
新蚁后的宝宝们急需补充营养！"

jǐng bào jǐng bào
"警报，警报！

nú lì rén shǒu bù zú
奴隶人手不足，

nú lì men dōu kuài lǎo sǐ le
奴隶们都快老死了。"

储存室

gāng shēng wán hái zi de xīn yǐ hòu bù zhī dào fā shēng le shén me shì
刚 生 完 孩 子 的 新 蚁 后 不 知 道 发 生 了 什 么 事,

tā mìng lìng diǎn dian gǎn jǐn chá kàn qíng kuàng
她 命 令 点 点 赶 紧 查 看 情 况。

diǎn dian fēi kuài de chōng chū wáng gōng
点 点 飞 快 地 冲 出 王 宫,

tā lù guò chǔ cún shì
她 路 过 储 存 室,

fā xiàn yī qún lǎo de zǒu bù dòng de hēi mǎ yǐ màn tūn tūn de dǎ sǎo zhe fáng jiān
发 现 一 群 老 得 走 不 动 的 黑 蚂 蚁 慢 吞 吞 地 打 扫 着 房 间。

kuài kuài diǎn gàn huó
"快, 快 点 干 活!"

bù zhǔn tōu lǎn
"不 准 偷 懒!"

yī zhī fù zé kān guǎn nú lì de hóng mǎ yǐ zhèng zài qì hū hū de xùn chì zhe
一 只 负 责 看 管 奴 隶 的 红 蚂 蚁 正 在 气 呼 呼 地 训 斥 着。

kuài bǎ shí wù bān dào cāng kù li
"快 把 食 物 搬 到 仓 库 里!"

mén kǒu lìng yī zhī hóng mǎ yǐ zhèng zài zhǐ huī hēi mǎ yǐ gōng zuò
门 口, 另 一 只 红 蚂 蚁 正 在 指 挥 黑 蚂 蚁 工 作。

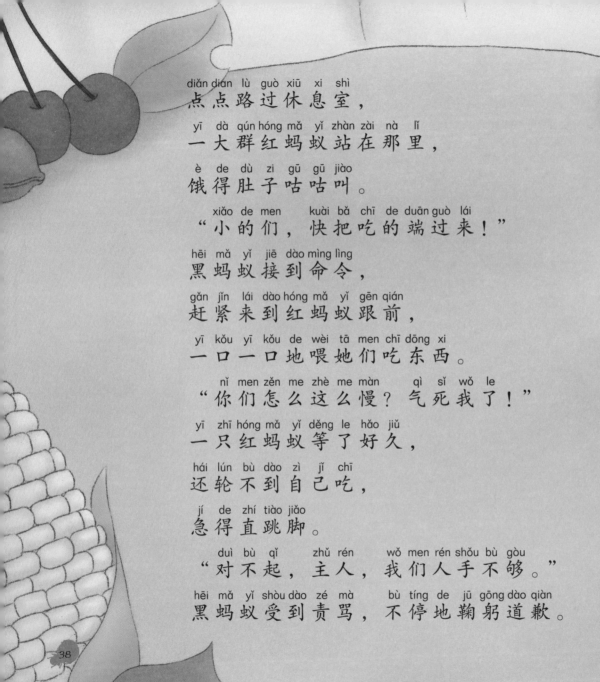

diǎn diǎn lù guò xiū xi shì
点点路过休息室，

yī dà qún hóng mǎ yǐ zhàn zài nà lǐ
一大群红蚂蚁站在那里，

è de dù zi gū gū jiào
饿得肚子咕咕叫。

xiǎo de men kuài bǎ chī de duān guò lái
"小的们，快把吃的端过来！"

hēi mǎ yǐ jiē dào mìng lìng
黑蚂蚁接到命令，

gǎn jǐn lái dào hóng mǎ yǐ gēn qián
赶紧来到红蚂蚁跟前，

yī kǒu yī kǒu de wèi tā men chī dōng xi
一口一口地喂她们吃东西。

nǐ men zěn me zhè me màn qì sǐ wǒ le
"你们怎么这么慢？气死我了！"

yī zhī hóng mǎ yǐ děng le hǎo jiǔ
一只红蚂蚁等了好久，

hái lún bù dào zì jǐ chī
还轮不到自己吃，

jí de zhí tiào jiǎo
急得直跳脚。

duì bù qǐ zhǔ rén wǒ men rén shǒu bù gòu
"对不起，主人，我们人手不够。"

hēi mǎ yǐ shòu dào zé mà bù tíng de jū gōng dào qiàn
黑蚂蚁受到责骂，不停地鞠躬道歉。

点点路过婴儿房，这里的情况更糟糕。

刚孵出来的宝宝们大哭大闹，

吵着要东西吃。

红蚂蚁管家大声地命令着：

"你们这群笨蛋，没看见小宝宝都快饿晕了吗？"

黑蚂蚁们手忙脚乱，

"遵命，马上就来！"

她们一边伺候红蚂蚁管家吃饭，

一边喂小宝宝吃东西。

"哼，自己什么也不干，就知道骂人。"

"大蚂蚁要喂，小宝宝也要喂，

我们怎么忙得过来？"

两只老得快走不动的黑蚂蚁不满地嘀咕着。

“居然敢顶嘴！”

红蚂蚁管家气得触须一抖一抖的。

她正准备动手打人，被点点拦住了。

“慢着！这究竟是怎么回事？”

“为什么红蚂蚁窝变得乱糟糟的？”

点点一边问，一边急得团团转。

“哎——”红蚂蚁管家叹了一口气，解释说：

“黑蚂蚁奴隶太老了。

她们只能活一年半到两年，

我们的奴隶不够了！”

虫虫悄悄话

红蚂蚁过着“奴隶主”的生活，他们不会哺育儿女，也不会寻找食物，就连食物放在身边也不知道怎么去拿，所以，红蚂蚁必须靠黑蚂蚁待候自己吃饭、料理家务。

6　天哪！红蚂蚁为什么要侵略黑蚂蚁？

tiān na　　　hóng mǎ yǐ wèi shén me yào qīn lüè hēi mǎ yǐ

hóng mǎ yǐ zhàn shì
"红蚂蚁战士，

kuài chū fā ba
快出发吧！

qù zhuā gèng duō de hēi mǎ yǐ dāng nú lì
去抓更多的黑蚂蚁当奴隶；

fǒu zé　　　yǐ hòu de bǎo bao men jiù yào è sǐ le
否则，蚁后的宝宝们就要饿死了。"

diǎn dian lù guò bīng yǐ dà běn yíng
点点路过兵蚁大本营，

fā xiàn duì zhǎng zhèng zài jǐn jí zhào jí jūn duì
发现队长正在紧急召集军队。

mǐ mǐ mǐ
“10米，20米，100米……

xiàng qián xiàng qián
向前！向前！

hóng mǎ yǐ de jūn duì yī zhí xiàng qián
红蚂蚁的军队一直向前！

chōng jìn hēi mǎ yǐ de wō
冲进黑蚂蚁的窝，

qiǎng zǒu hēi mǎ yǐ de yǒng
抢走黑蚂蚁的蛹，

wǒ men xū yào gèng jiā nián qīng gèng jiā qiáng zhuàng de nú lì
我们需要更加年轻、更加强壮的奴隶！”

hóng mǎ yǐ duì zhǎng fā biǎo le yī fān kāng kǎi jī áng de yǎn shuō
红蚂蚁队长发表了一番慷慨激昂的演说。

zhī chí zhī chí duì zhǎng
“支持，支持队长！”

chū zhēng wǒ men yào chū zhēng
“出征！我们要出征！”

xià miàn de bīng yǐ men fēn fēn xiǎng yìng
下面的兵蚁们纷纷响应。

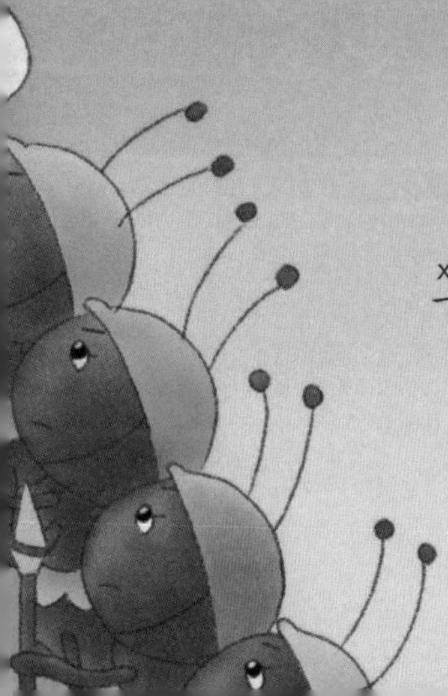

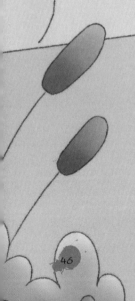

"哼，这帮无耻的强盗！"

两只路过的黑蚂蚁一边哭泣，

一边唱着自编的歌曲：

"我们是黑蚂蚁的孩子，

我们在红蚂蚁的窝里长大。

干活，干活！

我们从不休息，

一刻不停地为主人干活。

离开家已经多久了？我们从不知道。

每天都干着沉重的工作，

一直到老死，都必须忠于红蚂蚁，

否则，主人会训斥我们、鞭打我们、折磨我们！

呜呜……我们是可怜的奴隶蚂蚁，

每天都过着悲惨的生活！"

“把那两只唱歌的黑蚂蚁带走！”

红蚂蚁队长命令道。

“遵命！”

几只红蚂蚁冲过去，

没有带走黑蚂蚁，而是拎起她们暴打一顿。

“住手，黑蚂蚁还要留着干活呢！”

点点冲过去，阻止了打人的红蚂蚁。

“报告队长，我也要参加战斗！”

点点自告奋勇地说：

“我可以担任侦察兵，

我可以去更远的地方寻找黑蚂蚁的窝。”

虫虫悄悄话

红蚂蚁向黑蚂蚁发动战争，是为了抢夺黑蚂蚁的幼虫来侍候自己的家族。她们把黑蚂蚁的蛹运回窝里，没多长时间，蛹蜕皮了，小黑蚂蚁就成了不辞劳苦侍奉红蚂蚁的奴隶。

7 不公平！怎么所有的活都是工蚁干？

"侦察兵"点点唱着歌儿出发了。

"我是勇敢的兵蚁，

我是热爱战斗的兵蚁，

我的头很大，

我的颚也很大，

我是威风八面的兵蚁，

我是保卫蚁巢、发动战争的兵蚁！"

嘘——前方有目标。
点点赶紧捂住嘴巴，
偷偷地躲在一片树叶后。

51

麦田里，两只黑蚂蚁的工蚁正在找吃的。

她们自言自语地说着：

"嘿嘿……今天的阳光真好呀！

我要找到好多好吃的，

喂给怀孕的蚁后吃。

谁叫蚁后的肚子太大，

没有办法自己吃东西呢？

蚁后不能自己行动，

所有的事情都由我们工蚁代劳。

我们是觅食的工蚁，

我们要养活蚁后、雄蚁和兵蚁，

在整个黑蚂蚁大家庭里，

我们是最勤劳的蚂蚁！"

tài hǎo le　　fā xiàn yī tiáo sǐ qù de máo mao chóng
"太好了！发现一条死去的毛毛虫！"

yī zhī hēi mǎ yǐ gōng yǐ bào gào
一只黑蚂蚁工蚁报告。

lìng yī zhī hēi mǎ yǐ gōng yǐ gǎn jǐn guò lái
另一只黑蚂蚁工蚁赶紧过来，

　　yī　　èr　　sān　　kāi shǐ bān
"一，二，三！开始搬——"

liǎng zhī hēi mǎ yǐ gōng yǐ yī qǐ nǔ lì
两只黑蚂蚁工蚁一起努力，

hēi yō hēi yō
嘿哟嘿哟，

tā men lèi de qì chuǎn xū xū
她们累得气喘吁吁，

kě shì máo mao chóng shí zài tài zhòng
可是毛毛虫实在太重，

bì xū zhǎo tóng bàn bāng máng cái xíng
必须找同伴帮忙才行。

虫虫悄悄话

　　无论黑蚂蚁还是红蚂蚁，都拥有分工明确的家庭结构。蚁后和雄蚁负责生孩子，兵蚁负责保卫蚁巢，而觅食、建造巢穴、喂养幼蚁等工作都是工蚁来做的。

8 嘘——蚂蚁是怎么交流的呢？

两只黑蚂蚁工蚁忙得团团转，

她们分头寻找，

一路上，遇到了不少同伴。

大家碰一碰触角，

闻一闻气味，

很快，就明白了接下来的工作。

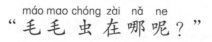

máo mao chóng zài nǎ ne
"毛毛虫在哪呢？"

tóng bàn men yán zhe liǎng zhī gōng yǐ liú xià de qì wèi
同伴们沿着两只工蚁留下的气味，

yī lù zhǎo   yī lù liú xià gèng duō qì wèi
一路找，一路留下更多气味。

yuè lái yuè duō de gōng yǐ jiā rù jìn lái
越来越多的工蚁加入进来，

ràng   bān yùn gōng   de duì wu yuè lái yuè chǎng
让 "搬运工" 的队伍越来越长。

"报告，发现目标！"
一只工蚁喊了起来。
原来，前方不远处，
正躺着一条美味的毛毛虫。
毛毛虫的身上，
散发出浓浓的信息素，
是前面的工蚁留下来的。
同伴们急忙用触角上的感受器识别出信号，
"没错，就是这只毛毛虫。"
大家确认了目标，准备搬运。

"加油！加油！"

"我们是昆虫中的'大力士'，

我们能举起比自己重得多的食物！"

工蚁们一边唱歌打气，

一边用尽全力，

把毛毛虫举了起来。

"哇，真是太厉害了！"

躲在草丛里的法布尔爷爷发出了赞叹。

hēi mǎ yǐ de duì wu lā de cháng cháng de
黑蚂蚁的队伍拉得长长的，
dà jiā tuán jié hé zuò tuō zhe máo mao chóng wǎng jiā zǒu
大家团结合作，拖着毛毛虫往家走。
hā hā jīn tiān de shōu huò zhēn dà ya
“哈哈，今天的收获真大呀！”
dài tóu de gōng yǐ kāi xīn de shuō
带头的工蚁开心地说。
duì jīn tiān shì zǒu yùn de yī tiān
“对！今天是走运的一天。”
tóng bàn men qí shēng hǎn dào
同伴们齐声喊道。

bù guo shuí yě méi yǒu fā xiàn
不过，谁也没有发现，
zài tā men kàn bu dào de jiǎo luò li
在她们看不到的角落里，
yī zhī guǐ tóu guǐ nǎo de hóng mǎ yǐ zhèng zài qiāo qiāo de gēn zōng
一只鬼头鬼脑的红蚂蚁正在悄悄地跟踪，
tā jiù shì zhēn chá bīng diǎn dian
她，就是“侦察兵”点点。

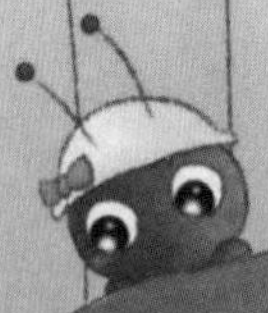

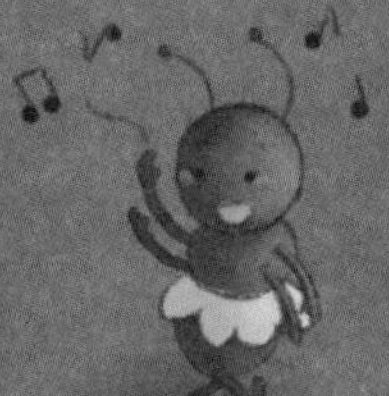

bù zhī dào zǒu le duō jiǔ
不知道走了多久，
hēi mǎ yǐ zhōng yú dào jiā le
黑蚂蚁终于到家了！
hū
"呼——"
zài yī piàn jīn sè de mài tián li
在一片金色的麦田里，
hēi mǎ yǐ men fàng xià le máo máo chóng
黑蚂蚁们放下了毛毛虫。
tā men de wō jiù zài yī gè xiǎo xiǎo de tǔ bāo xià miàn
她们的窝，就在一个小小的土包下面，
rú guǒ méi yǒu diǎn dian de yī lù gēn zōng
如果没有点点的一路跟踪，
tā kěn dìng zhǎo bù dào zhè me yǐn bì de zhù chù
她肯定找不到这么隐蔽的住处。

虫虫悄悄话

蚂蚁是社会性很强的昆虫，他们依靠信息素相互交流。例如，一只蚂蚁被碾碎后，会散发出强烈的气味，引起其他蚂蚁的警惕，告诉大家附近有危险，要注意保护自己。

9 哇！出征之路也会困难重重吗？

夏日的一场暴雨过后，

在"侦察兵"点点的指引下，

红蚂蚁军团出征了。

"冲啊，冲向麦田！

冲啊，冲向黑蚂蚁的家！"

五百只红蚂蚁士兵踏上了征途，

大家唱着嘹亮的军歌，

排列成五六米长的队伍，

整齐地向前行进。

红蚂蚁队长响亮地喊着口号：

"一二一！一二一！齐步走——"

这支庞大的军队看上去壮观极了，

一路上，绕过花园中的小径，

踏过凹凸不平的草地，

走过厚厚的枯叶堆，

爬过几米高的围墙，

红蚂蚁军团疲惫不堪，

仍然在坚强地行进。

"为了新蚁后的宝宝，

为了红蚂蚁的未来，

我们要勇敢地战斗，

我们要一往无前……"

不一会儿，红蚂蚁军团来到了一口池塘边。

"大家沿着边缘，整齐地走！

不许掉队，不许脱离路线！"

队长大声地命令着。

就在这时候，突然刮来一阵强风，

"救命啊——"

红蚂蚁的队伍乱成了一团糟，

大家哭的哭，喊的喊，

有的掉进了池塘里，

有的偏离了原先的路线。

"不好了——我们的同伴被金鱼吃了！"

不知道谁先喊了一声，

这下子，大批红蚂蚁开始慌忙逃命。

chí táng lì de jīn yú fēn fēn yóu le guò lái
池塘里的金鱼纷纷游了过来，

kāi xīn de xiǎng yòng zhe měi cān
开心地享用着美餐。

wū wū tài cǎn le
"呜呜……太惨了。"

wū wū wǒ bù xiǎng dǎ zhàng le
"呜呜……我不想打仗了。"

yī xiē dǎn xiǎo de hóng mǎ yǐ lài zài yuán dì
一些胆小的红蚂蚁赖在原地，

bù kěn zài jì xù xiàng qián
不肯再继续向前。

āi yā zěn me bàn
"哎呀——怎么办？"

hóng mǎ yǐ duì zhǎng luàn le zhèn jiǎo
红蚂蚁队长乱了阵脚，

jí de tuán tuán zhuàn
急得团团转。

“注意！注意！”

“侦察兵”点点站在一块大石头上，
大声地安慰着同伴们：

“就算失去了战友，

就算被金鱼当成美餐，

我们也不能轻易放弃！

记住，新蚁后在家里等着我们！

记住，小宝宝需要我们。

我们是勇敢的战士，

我们要鼓起勇气，

继续向前，向前，向前！”

67

shāng xīn de hóng mǎ yǐ jūn tuán jiàn jiàn huī fù le zhì xù
伤心的红蚂蚁军团渐渐恢复了秩序，

diào duì de yī lù xiǎo pǎo zhuī gǎn duì wu
掉队的一路小跑追赶队伍，

táo mìng de gǎn jǐn huí lái
逃命的赶紧回来，

lài zài yuán dì de chóng xīn mài kāi le jiǎo bù
赖在原地的重新迈开了脚步……

dà jiā yòu dǎ qǐ le jīng shén
大家又打起了精神，

jì xù tà shàng yuǎn zhēng de dào lù
继续踏上远征的道路。

虫虫悄悄话

红蚂蚁出征，有时候很近，有时候很远，最远的可以超过 100 米。出征的路途越远，红蚂蚁军团遇到的困难就越多，不仅仅会经过许多艰险的路段，还会遇到意外情况，甚至，碰上天敌。

⑩ hóng mǎ yǐ zhēn de huì shā sǐ fú lǔ ma
红蚂蚁真的会杀死俘虏吗?

bù zhī dào yòu zǒu le duō yuǎn
不知道又走了多远,

zhōng yú   diǎn diǎn xīng fèn de dà hǎn qǐ lái
终于,点点兴奋地大喊起来:

bào gào   hēi mǎ yǐ de wō jiù zài qián fāng
"报告!黑蚂蚁的窝就在前方!"

duì zhǎng yī tīng   lì kè chóng xīn zhěng dùn duì wu
队长一听,立刻重新整顿队伍,

xiàng qián kàn qí   qí bù zǒu
"向前看齐——齐步走!"

hóng mǎ yǐ jūn tuán tīng zhe kǒu lìng
红蚂蚁军团听着口令,

mài zhe zhěng qí de bù fá
迈着整齐的步伐,

yī gǔ zuò qì   chōng jìn le hēi mǎ yǐ de jiā
一鼓作气,冲进了黑蚂蚁的家。

69

“不好了，红蚂蚁进攻了！”

黑蚂蚁的窝里一片混乱，

“快堵住入口！”

一群黑蚂蚁飞快地衔起泥土，

第一时间堵住了家门。

可是，红蚂蚁军团太强大了，

她们不费吹灰之力，

就撞开了防守，

大摇大摆地闯了进去！

“不行，挡不住了！”

“快保护好我们的孩子！”

黑蚂蚁们立刻衔起蛹，

朝着蚁巢深处跑去。

"追啊——一个也不要放过！"
红蚂蚁军团一路追杀，
数不清的黑蚂蚁被踩在脚下，
蛹也被夺走了。
"呜呜……"
失去孩子的黑蚂蚁们伤心极了。

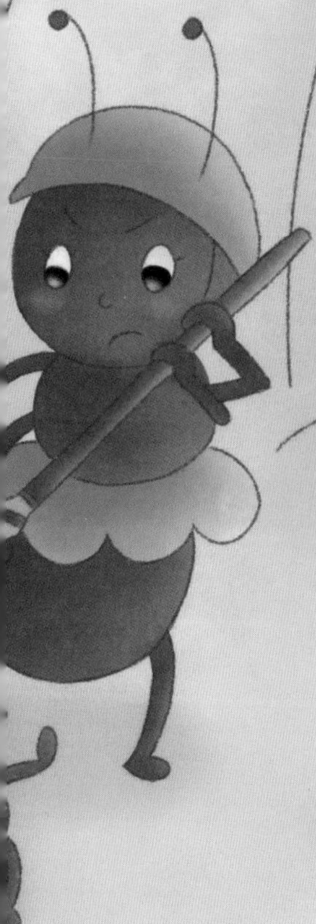

kě wù de qiáng dào wǒ gēn nǐ men pīn le
“可恶的强盗，我跟你们拼了！”

jué wàng de hēi mǎ yǐ men pīn mìng de fǎn kàng zhe
绝望的黑蚂蚁们拼命地反抗着，

yòng è yǎo hóng mǎ yǐ
用颚咬红蚂蚁，

yòng tuǐ tī hóng mǎ yǐ
用腿踢红蚂蚁，

shèn zhì yòng zì jǐ de shēn tǐ dǎng zhù hóng mǎ yǐ de lù
甚至用自己的身体挡住红蚂蚁的路。

nǐ men zhè xiē xiǎo xiǎo de hēi mǎ yǐ
“你们这些小小的黑蚂蚁！”

jū rán gǎn fǎn kàng wǒ men
“居然敢反抗我们！”

jǐ zhī fèn nù de hóng mǎ yǐ qì jí bài huài de hǎn zhe
几只愤怒的红蚂蚁气急败坏地喊着，

xiǎng yào shā sǐ hēi mǎ yǐ
想要杀死黑蚂蚁。

"慢着——"

红蚂蚁队长大声呵斥。

点点立即赶来，

挡住了准备大开杀戒的红蚂蚁小兵。

"笨蛋，不许杀死黑蚂蚁！

她们必须活着，

产下更多的卵，

养育更多的小宝宝，

好为我们红蚂蚁服务。"

说完，点点带头咬住一只黑蚂蚁，

把她丢到了蚂蚁窝外面。

红蚂蚁小兵也赶紧照着做，

把一只又一只的黑蚂蚁丢了出去。

“别打了！我——我们投降！”

黑蚂蚁忍着眼泪，大声地宣布。

红蚂蚁队长露出了满意的笑容，

“很好，大家带上战利品，马上撤退！”

点点带头咬起一只黑蚂蚁的蛹，

第一个走了出去。

“立正！齐步走——”

红蚂蚁军团跟着队长的口令，

重新排列好队伍，

一个接一个地离开了黑蚂蚁的窝。

 虫虫悄悄话

红蚂蚁与黑蚂蚁力量相差太多，所以，战争的胜利永远属于红蚂蚁。不过，红蚂蚁并不会真的杀死黑蚂蚁，他们留着黑蚂蚁继续生育小宝宝，下一次，红蚂蚁还会再来把她们的宝宝抓走当奴隶。

⑪ 嗅一嗅，蚂蚁靠气味回家吗？

"哈哈，这次的收获真大呀！"

"哈哈，黑蚂蚁简直不堪一击。"

"万岁！红蚂蚁军团万岁！"

胜利的红蚂蚁们唱着军歌，

踏上了回家的道路。

尽管来时的路充满危险，

尽管旁边就有一条又平坦又安全的大路，

可是，红蚂蚁依然会选择来时的路线回家。

_{zhè shí}
这时，

_{hào qí de fǎ bù ěr yé ye yǐ jīng bù zhì hǎo le shí yàn}
好奇的法布尔爷爷已经布置好了实验，

_{děng dài zhe hóng mǎ yǐ de dào lái}
等待着红蚂蚁的到来。

_{yé ye wǒ yǐ jīng bǎ bái sè de xiǎo shí zi sǎ zài tā men lái shí de lù shang le}
"爷爷！我已经把白色的小石子撒在她们来时的路上了。"

_{xiǎo sūn nǚ lù xī bào gào}
小孙女露西报告。

_{hěn hǎo xiàn zài wǒ yào yàn zhèng dì yī gè cāi xiǎng}
"很好，现在，我要验证第一个猜想，

_{hóng mǎ yǐ shì bu shì yī kào qì wèi huí jiā}
红蚂蚁是不是依靠气味回家？"

_{fǎ bù ěr yé ye xiào mī mī de ná qǐ yī gēn shuǐ guǎn}
法布尔爷爷笑眯眯地拿起一根水管，

_{yòng liú shuǐ chōng shuā zhe hóng mǎ yǐ yuán xiān zǒu guò de lù}
用流水冲刷着红蚂蚁原先走过的路。

_{yú shì zài hóng mǎ yǐ de yǎn li}
于是，在红蚂蚁的眼里，

_{yī tiáo kuān guǎng de dà hé chū xiàn le}
一条宽广的"大河"出现了。

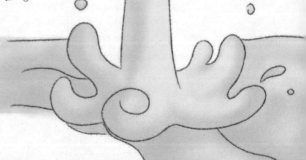

“不好！前方突然出现了一条大河！”
bù hǎo　qián fāng tū rán chū xiàn le yī tiáo dà hé

“侦察兵”点点报告。
zhēn chá bīng　diǎn dian bào gào

“哇——好可怕呀！”
wā　hǎo kě pà ya

红蚂蚁小兵们犹豫起来，
hóng mǎ yǐ xiǎo bīng men yóu yù qǐ lái

纷纷停在大河边，
fēn fēn tíng zài dà hé biān

不敢再继续前进。
bù gǎn zài jì xù qián jìn

“呜呜……我不走了！”
wū wū　wǒ bù zǒu le

不知是谁先喊了一声，
bù zhī shì shuí xiān hǎn le yī shēng

跟在后面的小兵纷纷聚到了前排，
gēn zài hòu miàn de xiǎo bīng fēn fēn jù dào le qián pái

队伍一下子混乱了。
duì wu yī xià zi hùn luàn le

"不要怕！大家都跟着我——"

点点牢牢咬住嘴里的蛹，

第一个冲进了河里。

点点的勇气鼓舞了其他的红蚂蚁们，

大家纷纷跳进了急流中。

"啊——我快被冲走了！"

一只红蚂蚁小兵惊恐地大喊。

"别怕！我来救你。"

点点奋力游了起来，

一直游到那只小兵身边，

把她带到了一块突出水面的鹅卵石上。

"谢谢你，点点。"

小兵用感激的眼神望着点点。

点点带领大家，沿着一块又一块小小的鹅卵石，

晃晃悠悠地走着。

"不好，鹅卵石没有了！"

点点着急地看着前方，离岸边还有些距离。

可是，水面上除了一些橄榄树的枯叶、

横七竖八的麦秆，

什么工具都没有了。

"对了，我们可以利用这些枯叶和麦秆。"

聪明的点点想出了一个办法。

"跟我来——"

点点带头踩上了一片枯叶，

其他的小兵纷纷效仿。

大家用枯叶当做小船，

又顺利地漂了一段距离。

kuài dào àn biān de shí hou
快到岸边的时候，

jǐ gēn piāo lái de mài gǎn bāng le dà máng
几根漂来的麦秆帮了大忙。

kuài lái dà jiā kuài shàng qiáo
"快来，大家快上桥！"

diǎn dian bǎ yáo yáo huàng huàng de mài gǎn dāng zuò dù hé de qiáo
点点把摇摇晃晃的麦秆当做渡河的桥，

dài lǐng dà jiā shùn lì de zǒu dào le duì àn
带领大家，顺利地走到了对岸。

“太好了！”

点点站在岸边，望着还在水里挣扎的同伴们。

“掉队的伙伴，不要急！”

“努力游过来！”

在点点的鼓励下，

掉进水里的小兵们拼命游啊游。

“就算淹死，我们也不会丢掉战利品！”

最终，大家安全地渡过了大河，

而且，从黑蚂蚁家里抢来的蛹，

一个也没有丢掉。

大家继续往前走着，

一点儿都没有偏离来时的路线。

突然，在原来的路上，

出现了一些散发着怪味的薄荷叶。

"奇怪？这是什么味道？"

一只红蚂蚁小兵凑近去闻一闻。

"不要分心，继续往前走！"

队长大声命令道。

贪玩的小兵在薄荷叶下面犹豫了一下，

最后，还是跟着大部队走过去了。

kàn lái hóng mǎ yǐ bìng bù shì yī kào qì wèi huí jiā de
"看来，红蚂蚁并不是依靠气味回家的。"

fǎ bù ěr yé ye dé chū le jié lùn
法布尔爷爷得出了结论。

dì yī gè shí yàn shuǐ liú bǎ lù miàn de wèi dào chōng zǒu le
第一个实验，水流把路面的味道冲走了，

kě shì hóng mǎ yǐ méi yǒu gǎi biàn lù xiàn
可是，红蚂蚁没有改变路线；

dì èr gè shí yàn bò he yè gǎi biàn le lù shang de wèi dào
第二个实验，薄荷叶改变了路上的味道，

kě shì hóng mǎ yǐ hái shì méi yǒu gǎi biàn lù xiàn
可是，红蚂蚁还是没有改变路线。

jué duì bù shì xiù jué zài zhǐ yǐn mǎ yǐ huí wō
"绝对不是嗅觉在指引蚂蚁回窝。"

fǎ bù ěr yé ye zài bǐ jì běn shang rèn zhēn de jì lù zhe
法布尔爷爷在笔记本上认真地记录着：

bù guǎn qì wèi zěn me gǎi biàn
"不管气味怎么改变，

hóng mǎ yǐ hái shì yán zhe yuán xiān de lù xiàn huí jiā
红蚂蚁还是沿着原先的路线回家，

yī diǎn er dōu bù huì zǒu cuò
一点儿都不会走错。"

虫虫悄悄话

气味不会改变红蚂蚁回家的路线。我们可以做一个简单的实验：用扫帚在红蚂蚁回家的路上清扫一遍，彻底除去气味后，再洒上气味完全不同的沙土。这时，我们会发现，红蚂蚁经过短暂的混乱后，依然会按照原路回家。

87

hū hū
"呼呼——"

yī zhèn dà fēng chuī lái
一阵大风吹来，

dùn shí, qián fāng de lù yòu fā shēng le biàn huà
顿时，前方的路又发生了变化。

yuán lái, zhè yòu shì fǎ bù ěr yé ye shè zhì de shí yàn
原来，这又是法布尔爷爷设置的实验。

fǎ bù ěr yé ye zhǎn kāi jǐ zhāng dà dà de bào zhǐ
法布尔爷爷展开几张大大的报纸，

héng pū zài lù zhōng yāng
横铺在路中央，

zài bān lái jǐ kuài xiǎo shí tou
再搬来几块小石头，

jǐn jǐn de yā zhù bào zhǐ
紧紧地压住报纸。

fǎ bù ěr yé ye de xiǎo dòng zuò
法布尔爷爷的小动作，

ràng hóng mǎ yǐ huí jiā de lù fā shēng le fān tiān fù dì de biàn huà
让红蚂蚁回家的路发生了翻天覆地的变化！

yí zhè shì zěn me huí shì
"咦？这是怎么回事？"

duì zhǎng còu jìn bào zhǐ yī kàn
队长凑近报纸一看，

bù jīn yí huò qǐ lái
不禁疑惑起来。

“侦察兵，快来看一看！”

队长命令点点赶紧过来。

点点仔细地查看着报纸，

从各个角度细心地观察。

只见她一会儿前进，

一会儿后退，

不断地试探着。

最后，点点挠了挠脑袋，

忧心忡忡地说：

“这条路确实变得有点奇怪。”

"什么？难道，我们迷路了？"

红蚂蚁队长不满地皱起了眉头。

"就是！就是！"

一些小兵随声附和。

"我们来的时候，根本就没有经过这个地方啊！"

“难道，是侦察兵记错了路？”
一个多事的小兵开始质疑点点。

“哼！怎么可能？”

“红蚂蚁的侦察兵从来不会记错路。”
点点气愤地反驳道。

“大家跟我走！”

“虽然这里已经变了，
可是我确信，这就是我们来时走的路！”
在点点的坚持下，
红蚂蚁军团冒着危险，
踏着整齐的步伐穿过了报纸。

"咦？我铺下的报纸并没有让气味消失。"
一个好奇的脑袋从草丛里冒了出来，
原来，是法布尔爷爷。
"红蚂蚁在路过报纸时，
居然比在大河边更加犹豫，
看来，一定是视觉在引导她们回家！"

93

法布尔爷爷认真地思考着：

"一定是视觉，而且，是非常近距离的视觉。

所以，一条大河、一层薄荷叶、一张报纸，

甚至，更加微小的改变，

都能让她们看到道路变得面目全非。

红蚂蚁会因此停下脚步，开始焦虑不安地徘徊……

不过，在经过反复尝试后，

总有一些蚂蚁可以辨认出一些熟悉的感觉，

而其他蚂蚁选择了相信同伴，

于是，大家跟着视力比较好的蚂蚁，

顺利地穿过了障碍。"

虫虫悄悄话

法布尔认为，蚂蚁是依靠视觉回家的。我们可以做一个简单的实验：在蚂蚁回家的路上，铺上一层薄薄的黄沙。因为路面的颜色改变了，所以，蚂蚁会犹豫很长一段时间，最终，她们就会像翻越别的障碍一样翻越这些黄沙。

13 真奇怪！蚂蚁必须原路返回？

穿过报纸后，

红蚂蚁军团重新排好队列，

继续往前走。

不一会儿，

一些走在前面的小兵兴奋地喊了起来。

"啊——我又看见那个池塘了！"

"没错！我们没有迷路。"

"真是太好了！"

bié gāo xìng de tài zǎo
"别高兴得太早！"

yí gè zhī qián diào jìn chí táng de xiǎo bīng tí xǐng dà jiā
一个之前掉进池塘的小兵提醒大家：

qiān wàn　　　qiān wàn bù yào zài guā fēng a
"千万……千万不要再刮风啊！"

kě xī　　tā huà hái méi shuō wán
可惜，她话还没说完，

hū hū
"呼呼——"

yī zhèn qiáng fēng chuī guò
一阵强风吹过，

bèi zhe zhàn lì pǐn de hóng mǎ yǐ men yí gè jiē yí gè diào jìn chí táng
背着战利品的红蚂蚁们一个接一个掉进池塘。

pū tōng　　pū tōng
"扑通！扑通！"

zhè yí xià　　zhěng zhěng jǐ háng shì bīng dōu bèi chuī dào shuǐ lǐ qù le
这一下，整整几行士兵都被吹到水里去了。

bù guò　　jí shǐ luò rù le shuǐ lǐ
不过，即使落入了水里，

zhè xiē jiān qiáng de shì bīng men réng rán bù kěn fàng qì zuǐ lǐ de yǒng
这些坚强的士兵们仍然不肯放弃嘴里的蛹。

wū wū tài dǎo méi le
"呜呜……太倒霉了！"

duǒ guò le qiáng fēng de hóng mǎ yǐ men
躲过了强风的红蚂蚁们，

yǎn zhēng zhēng kàn zhe jǐ tiáo jīn yú yóu guò lái
眼睁睁看着几条金鱼游过来，

zhāng kāi tān chī de dà zuǐ
张开贪吃的大嘴，

gū dōng gū dōng
"咕咚，咕咚。"

bǎ luò shuǐ de xiǎo bīng men quán dōu tūn dào le dù zi li
把落水的小兵们全都吞到了肚子里！

gèng dǎo méi de shì
更倒霉的是，

hǎo bù róng yì qiǎng lái de hēi mǎ yǐ de yǒng
好不容易抢来的黑蚂蚁的蛹，

yě yī qǐ bèi jīn yú chī diào le
也一起被金鱼吃掉了。

98

“太惨了！”

“太危险了！”

“我们还是换一条路吧！”

有一只红蚂蚁小兵提议道。

“不行！”

点点坚决反对。

“哪怕再危险，

红蚂蚁军团也决不改道！

因为，改道的结局只有一个，

那就是——彻底迷路！”

dà jiā dōu chén mò le
大家都沉默了。

měi yī míng shī qù tóng bàn de shì bīng dōu hěn qīng chǔ
每一名失去同伴的士兵都很清楚：

hóng mǎ yǐ rèn lù de néng lì shí fēn yǒu xiàn
红蚂蚁认路的能力十分有限，

suǒ yǐ měi yī cì chū zhēng
所以，每一次出征，

hóng mǎ yǐ jūn tuán bì xū yuán lù fǎn huí
红蚂蚁军团必须原路返回，

yīn wèi dà jiā zhǐ jì de lái shí de lù
因为，大家只记得来时的路！

yī dàn piān lí lù xiàn
一旦偏离路线，

suǒ yǒu shì bīng dōu huì mí shī fāng xiàng
所有士兵都会迷失方向。

100

jì xù qián jìn
"继续前进！"

hóng mǎ yǐ duì zhǎng dài zhe chén tòng de xīn qíng jī lì dà jiā
红蚂蚁队长带着沉痛的心情激励大家。

jiā yóu hóng mǎ yǐ jūn tuán
"加油，红蚂蚁军团！

jǐn guǎn zài yī cì shī qù le tóng bàn
尽管再一次失去了同伴，

hái shī qù le yī bù fen zhàn lì pǐn
还失去了一部分战利品，

wǒ men réng rán yào jiān chí xià qù
我们仍然要坚持下去！"

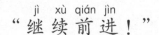虫虫悄悄话

　　不管曾经走过的那条路是多么危险，出征的红蚂蚁们也绝对不肯换一条路线，她们宁愿再遭受一次重大损失，也一定要原路返回。

14 惨了！为什么掉队的蚂蚁不回家？

在队长和点点的鼓舞下，

红蚂蚁军团向落水的同伴敬了一个礼，

然后，穿过池塘，

继续往前走。

“难道你们真的不会迷路？”

躲在一旁的法布尔爷爷非常好奇，

“如果，一只蚂蚁走散了，

她还能与大部队会合吗？”

为了解答自己的疑问，

法布尔爷爷盯上了走在最前面的红蚂蚁队长。

他捡了一片枯叶，放在长长的队伍的正前方。

果然，队长很快爬上了叶子，

法布尔爷爷并没有伸手去捉，

而是用这片叶子，

把队长运到了离大部队两三步远的地方。

"小家伙，大部队的位置是北方，

可你现在的位置是南方，

加油吧，快快找回你的方向。"

法布尔爷爷笑眯眯地看着队长。

红蚂蚁队长离开了熟悉的环境，

显得十分慌张。

她在地上随意地乱逛，

大颚依旧没有放开战利品，

走得又匆忙，又迷乱。

不一会儿，她就彻底失去了方向，

离自己的同伴们越来越远。

"努力，努力！

我一定还能与大部队会合的！"

队长没有放弃希望，依然坚信自己可以走回去。

十分钟后，坚强的红蚂蚁队长试着往回走，

可是，她却走向了更远的地方。

她在那儿东看看，西逛逛，

牙齿紧紧咬着蛹，朝着不同的方向摸索着。

可是，不管怎么努力，

依然找不到正确的路。

"真是想不到！

这个英勇善战的黑奴贩子，

居然就在离队伍两步路远的地方迷路了！"

法布尔爷爷十分吃惊，在笔记本上记下了自己的结论。

"蚂蚁拥有对地点的记忆力，

不过，她们只能记住曾经走过的地方，

只要稍一偏离，就会迷失方向。"

"啊——队长去哪了？"

队长不见后，

红蚂蚁军团变得乱糟糟。

"队长为什么没有回来？"

"呜呜……谁来带领我们回家呢？"

红蚂蚁小兵们交头接耳，

谁也不知道该怎么办。

这时，突然有一个小兵喊了一句：

"为什么不让聪明的侦察兵带我们回去呢？"

"对，对，侦察兵可以当我们的新队长！"

其他的小兵们纷纷附和，都把目光投向点点。

zài dà jiā de tuī jǔ xia
在大家的推举下，

diǎn dian dān rèn le xīn duì zhǎng
点点担任了新队长。

wǒ yī dìng huì dài dà jiā huí jiā de
"我一定会带大家回家的！"

diǎn dian zì xìn de xuān bù
点点自信地宣布。

píng jiè chāo qiáng de jì yì lì
凭借超强的记忆力，

diǎn dian dài lǐng zhè zhī sǔn shī cǎn zhòng de duì wu
点点带领这支损失惨重的队伍，

chuān guò le chóng chóng zhàng ài
穿过了重重障碍，

yuè guò le gāo dī bù píng de dì miàn
越过了高低不平的地面，

yán zhe hé lái shí wán quán xiāng tóng de lù xiàn
沿着和来时完全相同的路线，

huí dào le hóng mǎ yǐ de dà běn yíng
回到了红蚂蚁的大本营。

"大部队回来了！"

"红蚂蚁家族得救了！"

只见每一个小兵嘴里都叼着一只白色的蛹，

雄赳赳、气昂昂地站在家门口。

出门迎接的红蚂蚁们高兴地欢呼起来。

"太好了！"

"小宝宝们终于有人照顾了！"

大家拥着凯旋的大部队回房间休息，

红蚂蚁窝里的广播，

反复播放着新蚁后的表彰：

"这一次的胜利，

多亏了勇敢的侦察兵点点！

不对，是点点队长。

以后，新的队长会带领大家继续第二次远征、第三次远征……

因为，没有谁比她更清楚出征的路线了！"

111

jǐng bào jiě chú　　jǐng bào jiě chú
"警报解除，警报解除！"

bù jiǔ　　xīn de hēi mǎ yǐ cóng yǒng li fū chū lái le
不久，新的黑蚂蚁从蛹里孵出来了，

hóng mǎ yǐ zhōng yú yǒu le chōng zú de nú lì
红蚂蚁终于有了充足的奴隶。

tài hǎo le　　liàng liang　　nǐ méi yǒu bái bái xī shēng
"太好了！亮亮，你没有白白牺牲。

nǐ de hái zi men dōu hǎo hǎo de huó xià lái le
你的孩子们都好好地活下来了。"

diǎn dian kàn zhe zài hēi mǎ yǐ nú lì de zhào gù xia
点点看着在黑蚂蚁奴隶的照顾下，

yī diǎn yī diǎn zhǎng dà de hóng mǎ yǐ bǎo bao
一点一点长大的红蚂蚁宝宝，

lù chū le xīn mǎn yì zú de xiào róng
露出了心满意足的笑容。

wèi le nǐ men　　hóng mǎ yǐ jūn tuán hái huì zài cì chū zhēng
"为了你们，红蚂蚁军团还会再次出征，

wǒ men de zhàn dòu yǒng bù tíng zhǐ
我们的战斗永不停止——"

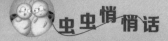
虫虫悄悄话

　　红蚂蚁不具备其他膜翅目昆虫拥有的指向感觉，她们只能记住曾经走过的地方，再也没有别的能力了。所以，哪怕是仅仅偏离两三步路，红蚂蚁也会轻易迷路，无法与大部队相聚。

每一个充满童真的"为什么"，都值得我们耐心对待！

每天解答一个"为什么"，满足孩子小小好奇心。

十万个为什么·幼儿美绘注音版（共8册）

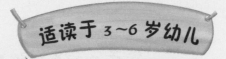

适读于 3~6 岁幼儿

送给孩子，送给自己，共享最温馨快乐的亲子时光！

所有令你惊奇和意外的

关于动物、植物、声音、气液体、光电的小知识都在这套书里！

小牛顿爱科普系列（共5册）

适读于 9~15 岁孩子

光怪陆离的问题，妙趣横生的知识，精美逼真的插图

整套全彩印刷，让孩子爱不释手